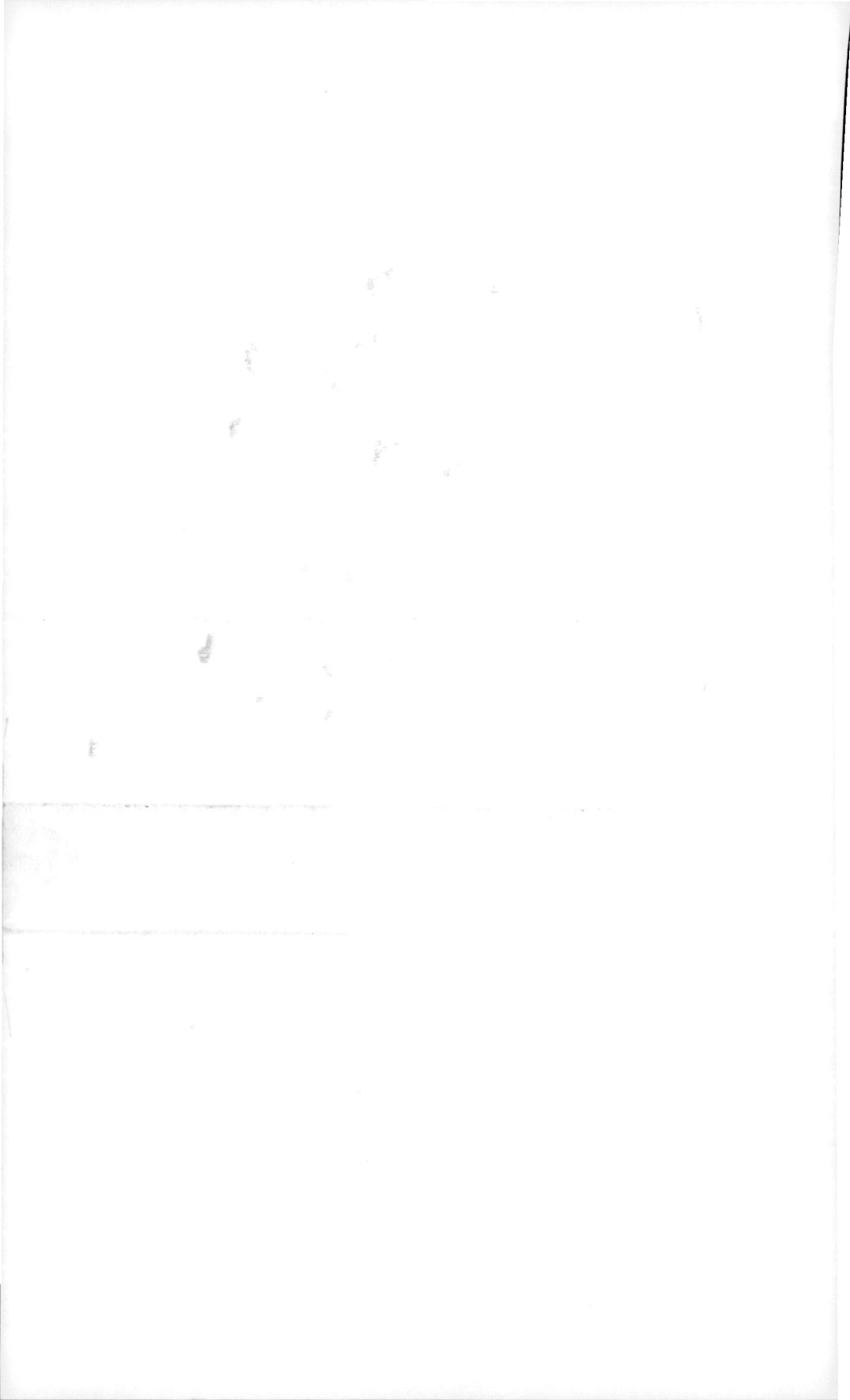

Gegen
Einsteins Relativierung
von Zeit und Raum

Gemeinverständlich

Von

Dr. Rudolf Weinmann

München und Berlin 1922
Druck und Verlag von R. Oldenbourg

Vorwort.

Die vorliegenden Ausführungen sind lange und reiflich überlegt, aber rasch zu Papier gebracht. Form und Gedankenverknüpfung mögen daher nicht immer einwandfrei, die Beweisführung nicht lückenlos, Wiederholungen nicht genügend vermieden sein. Dem Verfasser kommt es auf die Grundgedanken an und die erscheinen ihm allerdings unwiderleglich. Sie auszusprechen und ohne Aufschub mitzuteilen, ist der Zweck dieser Arbeit.

Sommer 1921.

Dr. Rudolf Weinmann.

Inhalt.

I.

Es kann keinerlei wissenschaftliche Theorie, keine These oder Behauptung irgendwelcher Art geben, die nicht vor unserer menschlichen Vernunft ihre Existenzberechtigung nachzuweisen hätte. Es geht nicht an, die menschliche Vernunft als nur bedingt kompetent zu erklären, weil Erkenntnisse oder Wahrheiten sich fast nie widerstandslos durchgesetzt haben, und damit plausibel zu machen, daß Dinge, gegen die sich unsere Vernunft sträubt, heute zwar ungereimt erscheinen mögen, aber Wahrheiten von morgen sind. Und es geht ebensowenig an, die menschliche Vernunft in eine philosophische, naturwissenschaftliche und Alltagsvernunft, den sog. gesunden Menschenverstand, zu zerspalten und damit erhärten zu wollen, daß ungereimte Dinge nur etwa der Vernunft Nr. 3 ungereimt erscheinen, in einem anderen Schubfach der Vernunft aber sehr wohl irgendwie unterzubringen seien.

Man verfolge die Geschichte der Wissenschaft und man wird finden, daß der n i c h t berechtigte Zweifel und Widerstand niemals dem Vernunftwidrigen galt, sondern Anschauungen, die zwar neu, ungewohnt, unerhört waren, aber doch nie und nimmer die Vernunft als solche vergewaltigten. Und ferner, daß alles, was vor Philosophie und Naturwissenschaft bestand und sich behauptete, auch der Vernunft des Laien irgendwie zugänglich gemacht werden konnte.

Kein besseres Beispiel als das so oft angeführte — gedankenloserweise meist im entgegengesetzten Sinne angeführte — des Kopernikus. Daß die Erde sich um die Sonne bewegt, diese Behauptung war gewiß neu, ungewohnt, unerhört. Aber war sie — auch nur scheinbar — der V e r n u n f t entgegen? War sie etwa nur dem Physiker zugänglich, dem gesunden Menschenverstande verschlossen? Nicht im geringsten! Ein Kind konnte sie, damals wie heute, ebensogut erfassen wie ein Gelehrter. Sie stellte wohl gewisse Ansprüche und Zumutungen an unsere Anschauungs- und Vorstellungskraft — an unsere Vernunft überhaupt keine. Das gilt von allen Ausweitungen unserer Naturerkenntnis und es gilt von allen ihren praktischen Auswirkungen, den technischen

Erfindungen. Elektrizitätslehre, Röntgenstrahlen — Telegraphie,
Telephonie, Röntgenphotographie, drahtlose Telegraphie — Flug-
wesen usw.: wo wurde hier unserer V e r n u n f t Unerhörtes zu-
gemutet?! Es ist schief und oberflächlich, sich auf sie zu berufen,
wenn Meinungen und Theorien gestützt und propagiert werden
sollen, die an u n s e r e m e n s c h l i c h e L o g i k rühren und
sie beleidigen. (Musterbeispiel: Der Spiritismus).

Schwieriger (immerhin) liegt der Fall bei der Entwicklung der
philosophischen Probleme, besonders des Grundproblems der Philosophie, des erkenntnistheoretischen. Hier mag sich zunächst eine
Kluft auftun zwischen dem ·in äußerster Abstraktion denkenden
Gelehrten und dem naiv, konkret und praktisch der Welt gegen-
überstehenden Laien. Hier gibt es — zunächst — divergierende
Standpunkte und die Vernunft scheint einen doppelten, ja drei-
fachen Boden zu haben Scheint! Denn allen allzusublimierten
Denkern zum Trotz: Philosophie, Naturwissenschaft (Physik) und
gesunder Menschenverstand müssen schließlich doch zusammen-
gehen, k ö n n e n im Urgrunde keine Gegensätze sein. Denn sie
alle wurzeln in unserer Logik (worin sonst?) und die Logik ist
das Gesetz der Welt. Denn aus der Welt ist sie selbst als Gesetz
des die Welt erfassenden Geistes oder Bewußtseins hervorgegangen.
Wenn das Bewußtsein die Welt aufbaut oder formt, so hat doch
die Welt, die Gesamtnatur eben das Bewußtsein als taugliches
Instrument der Welterfassung geschaffen. Auch hier gilt Anpassung,
Entwicklung.[1])

E i n e und e i n h e i t l i c h e Vernunft, e i n logisches
Bewußtsein steht der zu erfassenden, zu beschreibenden, zu er-
klärenden Gesamtnatur gegenüber. Vor ihrem Forum muß die
erfassende, beschreibende, erklärende Wissenschaft bestehen und
sie muß, wenn auch verzweigt nach Gesichts- und Standpunkten,
schließlich doch eine in sich widerspruchslose Ganzheit bilden, in
die auch der gesunde Menschenverstand mit eingeht. Ein Zweifel
an seiner Kompetenz würde zum Zweifel an aller Logik und damit
zur Negation aller Wissenschaft überhaupt führen. Denn an wen
sollte sich die Wissenschaft und der Wissenschaftler sonst wenden
mit Behauptung und Begründung, mit Schlußfolgerung und Beweis
als an den menschlichen Verstand?![2])

Nun gibt es, selbstverständlich, Grade des Verstandes und es
gibt, wie erwähnt, Spezialgebiete des Verstandes, die auf besonderer

---

[1]) In seinem „Wirklichkeitsstandpunkt", Leipzig, L. Voß, hat der
Verfasser diesen erk.-theor. Realismus begründet.

[2]) Nur Kunst und Religion, die hier ausschalten, durchbrechen, als
Reiche der Phantasie und des Glaubens, diese Schranken.

Schulung beruhen und durch besondere Begriffsbildungen und
entsprechende Standpunkte sich von anderen abheben. Man denke
an Chemie, an Mathematik, an Erkenntnistheorie. Nicht jedes
wissenschaftliche Gebiet und Problem ist daher jedem logisch
Denkenden o h n e w e i t e r e s zugänglich zu machen.

II.

Aber ein großes Gebiet ist gewissermaßen als n e u t r a l zu
bezeichnen. Es gehört keiner Wissenschaft allein an, weder der
Physik noch der Philosophie noch der Mathematik, es ist Wissenschaft im allgemeinen, es umfaßt die E l e m e n t e der Natur
und des Seins; es ist mehr als die (engere) Naturwissenschaft und
doch noch nicht zur (weiteren) Philosophie gehörig — und es gehört
deshalb nicht vor das Forum einer Spezialwissenschaft, sondern
vor das Forum des menschlichen Verstandes schlechthin.

Dieses Gebiet heißt: R a u m u n d Z e i t. Und zwar Raum
und Zeit in dem einfachen, unzweideutigen Sinne, in dem der naive
Mensch, der Naturwissenschaftler, der Physiker, der Mathematiker
diese Begriffe handhabt. Man kann auch den Erkenntnistheoretiker
einbeziehen, soferne er Realist ist bezüglich der Außenwelt oder
soferne er, als Idealist, Subjektivist oder Bewußtseinsmonist, den
„provisorischen" Standpunkt des naiven Realisten einnimmt und
noch nicht an die phänomenalistische Auflösung der Raum-Zeit-
Welt herangetreten ist.

E i n s t e i n und die Relativitätstheorie stehen jedenfalls tatsächlich, bewußt und anerkanntermaßen auf dem bezeichneten Boden
des die — in Raum und Zeit gegebene — Außenwelt ohne erkenntnistheoretischen Vorbehalt erschauenden und erfassenden „B e-
o b a c h t e r s". Es kann kein Zweifel sein: hier handelt es sich
um d e n Raum und d i e Zeit, von denen auch der naiv-praktische
Mensch spricht, wenn er sich in der Wirklichkeit orientiert und
betätigt, mit denen der Techniker operiert, wenn er mißt und
konstruiert, auf die sich der Astronom bezieht, wenn er die Bewegungen und Entfernungen der Himmelskörper errechnet und
bestimmt.

Beweis: Einstein und die Relativitätstheorie wählen Beispiel
und Argument aus der täglichen Erfahrung (Eisenbahnzug, Luftschiff usw.), aus der einfachen physikalischen Beobachtung (Licht-
signale, Michelson-, Fizeau-Versuch), aus dem astronomischen Tat-
bestand (Aberration, Krümmung der Lichtstrahlen usw.). —

Es wäre ein methodischer Grundirrtum, die Relativitätstheorie
mit dem eigentlichen Erkenntnisproblem in Zusammenhang zu
bringen, mit dem sie gar nichts zu tun hat. Die Relativitätstheorie

8

bewegt sich auf der Ebene der allgemeinen naturwissenschaftlichen Weltbetrachtung, einer Ebene quasi niederer Potenz, auf der die Frage nach Realität oder Idealität der Außenwelt, nach dem Verhältnis von Sein und Bewußtsein noch gar nicht gestellt ist. Einstein und die Relativitätstheorie steht wie alle physikalische Beobachtung und Beschreibung dem Objekt, der Gesamtnatur, wie sie sich in Raum und Zeit darbietet, ganz naiv und mit Recht ganz naiv gegenüber. Es gibt — ohne heillose Verwirrung — keinen anderen Standpunkt für den Naturwissenschaftler, für den Physiker.

Andererseits kann das erkenntnistheoretische Grundproblem seiner Natur nach niemals durch Erfahrung geklärt werden. Es ist ein reines Denkproblem, letzten Endes eine denk-ökono-mische Frage und durch Erfahrung weder zu stützen noch zu widerlegen. Doppelt und dreifach falsch daher, wenn subjektivistische Philosophen Kant'scher oder phänomenalistisch-positivistischer Färbung sich auf die Relativitätstheorie stürzen, um damit die „Relativität" = Idealität = Subjektivität der Außenwelt, d. h. den erkenntnistheoretischen Idealismus zu beweisen! Einstein und die Relativitätstheorie bleiben im Rahmen der einfachen Naturbetrachtung, diesseits des erkenntnistheoretischen Zweifels und Problems.

So wenig sich also die erkenntnistheoretische Spekulation auf Einstein berufen kann, um für ihre subjektivistischen Überspitzungen und phänomenalistischen Auflösungen in ihm den willkommenen empirischen Helfershelfer — den es, wie gesagt, gar nicht geben kann[1]) — zu begrüßen, so wenig könnten sich Einstein und seine Anhänger vor den Schwierigkeiten, in die sie unser Anschauungs-, Vorstellungs- und Denkvermögen zwingen, zu den Tröstungen und Beschönigungen einer skeptisch-subjektivistischen Erkenntnistheorie retten. Mit einem verblasenen Relativismus der philosophischen Phrase wäre ja freilich alles halbwegs zurechtzubiegen. Jede Schwierigkeit, jeder Widerspruch würde hinwegeskamotiert mit der ewigen „Subjektivität" unseres Empfindens, Vorstellens und Denkens.

Daran denkt aber Einstein selbst nicht im entferntesten und auf solche Weise kann an die rein physikalische und naturwissenschaftliche Relativitätstheorie nicht herangetreten werden. Anhängern und Propheten Einsteins aber, die die Gebiete vermischen und verwischen, muß gesagt werden, daß sie seiner Sache gar keinen Dienst erweisen, wenn sie mit nebuloser und falsch angewendeter Philosophie prekäre physikalische Positionen zu halten versuchen.

[1]) Vgl. dazu des Verfassers „Die Lehre von den specif. Sinnesenergien", Voß Leipzig.

III.

Wir stellen also Einstein und die Relativitätstheorie vor das Forum der einfachen, sozusagen naturwissenschaftlichen Logik und damit des praktisch-naiven Verstandes als der hier allein in Betracht kommenden Instanz. Auf dieser geistigen Ebene sind Raum und Zeit nichts anderes als eben — Raum und Zeit. Es ist der Raum und die Zeit des Physikers, des Technikers, des Astronomen, es ist der Raum und die Zeit der täglichen Erfahrung und des unbefangenen Weltbetrachters und -beobachters. Das entspricht nicht nur dem Sinne, sondern auch den deutlich ausgesprochenen Absichten und dem Willen der Einsteinschen Lehre. (Man überzeuge sich davon z. B. in Einsteins gemeinverständlicher Darstellung seiner Lehre „Über die spezielle und die allgemeine Relativitätstheorie", Vieweg, Braunschweig.)

U n s e r e — nicht irgendwelche philosophische — Anschauungen, Vorstellungen und Begriffe von Raum, Zeit und Bewegung erleiden nun durch die Einsteinsche Lehre eine so einschneidende Modifikation, daß schon rein gefühlsmäßig zweierlei die Folge ist: auf der einen — gläubigen — Seite die Begrüßung von etwas epochal Neuem, auf der anderen der Widerstand und Widerspruch gegen eine unerhörte Vergewaltigung. Die gläubige Seite hat den angenehmen Nimbus des Fortschrittlichen, Kühnen für sich. Der Verfasser dieser Schrift bekennt sich zum — vorläufig undankbaren — Widerspruch. Er glaubt in der Tat, daß die Einsteinsche Lehre auf Grund eines fundamentalen Irrtums zu der genannten Vergewaltigung unserer Raum- und Zeitanschauung gelangt.

IV.

Schon eine oberflächliche und flüchtige Betrachtung der Einsteinschen Theorie und der gesamten einschlägigen, rein-wissenschaftlichen und populären Literatur läßt uns immer wieder auf einen Faktor ganz besonderer Art stoßen, der in allen Überlegungen, in allen Beispielen, in allen mathematischen Formeln wiederkehrt, ja die ganze Materie absolut beherrscht: Das ist die F o r t p f l a n z u n g s g e s c h w i n d i g k e i t d e s L i c h t e s , das ist $c =$ 300 000 km in der Sekunde. Noch mehr: alle Beispiele, alle Versuche, alle Überlegungen gehen aus von L i c h t , knüpfen an und beziehen sich auf L i c h t . Grundlegend erscheint allenthalben das L i c h t e x p e r i m e n t (Fizeau, Michelson), die L i c h t b e o b a c h t u n g (Dopplereffekt, Aberration), die T h e o r i e d e s L i c h t s . L i c h t s i g n a l e , L i c h t b l i t z e begleiten uns durch die ganze Einstein-Lehre und Einstein-Literatur hindurch.

Die populären Kommentare operieren zudem besonders gerne mit der „L u m e n"- F i k t i o n , auf die wir später noch zurückkommen.

Was soll das? Was bedeutet das? Wohin führt das?

Ehe wir eine Antwort versuchen, seien die Sätze über Raum und Zeit und Bewegung kurz betrachtet, die für Einsteins Anschauungen ebenso bezeichnend sind wie seine fortwährende Bezugnahme auf optische Dinge. Der Übersichtlichkeit halber wollen wir zunächst in Gruppen festhalten, was die Relativitätstheorie natürlich, mehr oder minder, zu einem Ganzen verflicht.

Als hervorstechendster Satz begegnet uns die Behauptung von der R e l a t i v i t ä t d e r G l e i c h z e i t i g k e i t und im Anschluß daran von der Relativität der Z e i t überhaupt: es gibt keine absolute Gleichzeitigkeit und keine allgemeingültige absolute Zeit. Jedes System vielmehr. hat seine eigene Zeit, von Gleichzeitigkeit zu sprechen hat nur Sinn, wenn hierbei auf ein ganz bestimmtes System Bezug genommen wird. In Konsequenz dessen verläuft die Zeit und damit auch der Gang einer Uhr verschieden je nach dem betreffenden bewegten oder relativ ruhenden System. —

Mit dieser Relativierung der Zeit geht eine ebenso auffallende und weitgehende Relativierung des R a u m e s konform. Raumstrecken sind nicht etwas eindeutig Gegebenes, deren B e m e s s u n g etwa nur, je nach dem Maßstab, relativ ist, sondern sie sind sozusagen absolut relativ, und es verkürzen sich z. B. starre Stäbe in voller Wirklichkeit, wenn sie von uns wegbewegt werden. Ein fahrender Eisenbahnzug hat nicht die gleiche Länge, die er stillstehend auf dem Fahrdamm einnimmt. Körper verändern ihr Volumen und ihre Gestalt, wenn sie sich mit bedeutenden Geschwindigkeiten von uns entfernen. —

Als Drittes endlich wird nicht nur die gleichförmige, sondern auch die ungleichförmige (beschleunigte) B e w e g u n g jeden Wirklichkeitsgehaltes entkleidet. Nicht nur Maß und Richtung der Bewegung wird relativiert, sondern die Bewegung als solche ihres spezifischen Wesens, ihres Eigendaseins beraubt. Der Begriff einer absoluten Ruhe, einer absoluten Bewegung wird, weil eine solche — selbstverständlich — nirgends aufzeigbar, niemals bestimmbar, als Unbegriff abgelehnt. Was mathematisch äquivalent oder als äquivalent darstellbar, wird auch als physikalisch, wirklich äquivalent erklärt. —

V.

Halten wir nun die beiden bezeichnendsten und hervorstechendsten Elemente der Einsteinschen Lehre zusammen: die durchgreifende Beziehung auf die Fortpflanzungsgeschwindigkeit des

Lichtes auf der einen, die extreme Relativierung von Raum, Zeit, Bewegung auf der anderen Seite, und fragen und forschen wir nach dem evt. engeren und inneren Zusammenhang zwischen beiden, so gelangen wir zu einem aufschlußreichen Resultat und zum Kernpunkt und Schlüssel der ganzen Einsteinschen Lehre und — Irrlehre.

Es ergibt sich, daß Einsteins Einstellung zur Welt eine r e i n o p t i s c h e ist. Natürlich nicht im physiologischen, aber im physikalischen Sinne. Der „S t a n d p u n k t d e s B e o b a c h - t e r s" ist bestimmend, und zwar des s e h e n d e n B e o b a c h - t e r s. Die physikalisch-objektive Welt und Wirklichkeit stellt sich so als eine letzten Endes gesehene, d. h. d u r c h L i c h t - w i r k u n g, d u r c h L i c h t s t r a h l e n g e g e b e n e W e l t dar. Und da die Geschwindigkeit des Lichtes zwar eine ungeheuer große, aber keine unendliche ist, da das Licht eine e n d l i c h e Z e i t braucht, um den „B e o b a c h t e r" zu erreichen, so ergeben sich für eine optisch betrachtete Welt notwendigerweise Zeitverschiebungen, Zeitdifferenzen, die der von der Endlichkeit der Lichtbewegung abstrahierende Weltbetrachter nicht kennt. Für letzteren ist simultan, zeitlos gegeben, was für ersteren je nach der Entfernung des Gegenstandes, je nach dessen oder seiner eigenen Annäherung oder Wegbewegung erst nach einer endlichen, wenn auch minimalen Zeitspanne in Erscheinung tritt. —

Weil die Geschwindigkeit des Lichtes eine so große ist, daß sie für irdische Vorgänge überhaupt außer Betracht bleibt, konnte es keinen Schaden bringen, daß Newton, Galilei und die klassische Physik sie auch für rein optische Fragen als unendlich annahm.

Weil eine neuere Physik ihre Endlichkeit erkannte, mußte sie auf rein optischem Gebiet die Korrektur der Newtonschen Formeln und Gleichungen vornehmen. (Und damit auch auf elektrodynamischem Gebiet). Hier ruht das Verdienst von L o r e n t z, und wir verstehen die Umwandlung der Galilei-Transformationen in die Lorentz-Transformationen für optische (und elektrische) Vorgänge.

Aber: L o r e n t z a l s V o r l ä u f e r E i n s t e i n s, E i n - s t e i n a l s V o l l e n d e r L o r e n t z' gibt zu denken.

In der Tat: Einstein macht das Gesetz und die Gesetze der O p t i k zum Gesetz der W e l t. Er ersetzt g a n z a l l g e - m e i n und mit weitestgehender Bedeutung die Galilei- durch die Lorentz-Transformationen.

Wodurch unterscheidet sich die Lorentz- von der Galilei-Transformation? Durch den F a k t o r C! Die Einstein-Lehre gibt selbst zu, daß für praktisch-irdische Dinge, Überlegungen und Berechnungen die Lorentz-Transformation wieder in die Galilei-Transformation übergeht und Newton wieder an die Stelle von

12

Einstein tritt, weil für solchen Fall die Lichtgeschwindigkeit eben
so viel wie unendlich groß ist.

Die Lorentz-Transformation geht aber automatisch auch dann
wieder in die Galilei-Transformation über, wenn wir die Endlichkeit
der Lichtgeschwindigkeit b e r ü c k s i c h t i g e n   u n d   e b e n
d e s h a l b   v o n   i h r   a b s t r a h i e r e n. W e i l wir sie kennen,
von ihr wissen, müssen wir von ihr a b s e h e n. Die gesamte
Physik vor und bis und außer Einstein hat es getan und tut es, der
gesunde Menschenverstand tut es.

Einstein aber berücksichtigt die Endlichkeit der Lichtgeschwindigkeit eben   n i c h t   (oder in falschem, positivem Sinne),
indem er in die Welt und alle ihre Erscheinungen, in die Natur-
gesetze und in alle ihre Gleichungen sein „c" h i n e i n s e t z t,
statt es zu vernachlässigen.

Das Weltbild Einsteins ist ein „Bild" der Welt in allzu wört-
lichem Sinne: es ist die Welt, wie sie dem sehenden Beobachter
durch Lichtausstrahlung sich darbietet, es ist eine optische, eine
Augenwelt. So unwahrscheinlich es anmutet: es ist die Welt eines
rein optisch (bzw. elektrisch) orientierten Physikers, der die Naivität
begeht, noch diesseits des gesunden Menschenverstandes Halt zu
machen und die doch bekannte, erkannte, durchschaute endliche
Geschwindigkeit des Lichtes, die Zeitspanne, die ein optisches Etwas
braucht, um von der Lichtquelle zum Standpunkt des Beobachters
zu gelangen, zur unausschaltbaren Realität zu erheben und in alles,
aber auch alles Geschehen unkorrigiert miteinzubeziehen.

VI.

Daher vor allem die erwähnte Einsteinsche These von der
R e l a t i v i t ä t   d e r   G l e i c h z e i t i g k e i t.

Sie basiert auf der   B e o b a c h t u n g   v o n — L i c h t -
signalen, L i c h t blitzen. „Zwei Lichtblitze, für einen ruhenden
Beobachter gleichzeitig, sind für einen dazu bewegten ungleich-
zeitig."

Selbstverständlich! Denn die Lichtstrahlen erreichen den
bewegten Beobachter infolge der D a u e r der Lichtausbreitung
später oder früher als den ruhenden. Der gesunde Menschenverstand
und der Physiker vor Einstein weiß das, berücksichtigt es, ab-
strahiert von dieser Dauer und kommt gar nicht zu einem Zweifel
über die andere Selbstverständlichkeit, daß gleichzeitig trotzdem
eben — gleichzeitig ist.

Die Wurzel des riesenhaften Mißverständnisses, der ganzen
ungeheuren Verwirrung liegt immer wieder darin, daß alle „E r -
e i g n i s s e", auf die Einstein und seine Anhänger exemplifizieren,

L i c h t e r e i g n i s s e sind. Hierfür Zitate bringen, hieße die ganze Einstein-Literatur abschreiben. Ich verweise nur auf das Hauptbeispiel in sämtlichen Abhandlungen über die Relativitätstheorie, die „L i c h t b l i t z e" auf dem Bahndamm, im Eisenbahnzug, im Luftschiff. Und auf den in unendlichen Variationen wiederkehrenden Satz der mathematischen Entwicklungen: „Ein ‚L i c h t s t r a h l' werde in bezug auf K und K^1 ausgesandt..." (z. B. Einstein, a. a. O., S. 21.)

Die „Relativierung der Zeit" — als eigentliche T a t Einsteins verkündigt und gepriesen — verliert ihren Sinn, sobald man sich auf die zugrunde liegende rein optische Orientierung besinnt. Obwohl alle astronomische Wissenschaft die großen Entfernungen der Himmelskörper gerade auf Grund der Endlichkeit der Lichtgeschwindigkeit bemißt, den Lichtweg als Maßstab verwendet (Lichtjahre), schaltet Einstein dieses Wissen um die Lichtgeschwindigkeit unbegreiflicherweise aus, läßt das Ding, das Ereignis erst sein, wenn es durch seine L i c h t b o t s c h a f t den (wirklichen oder angenommenen) B e o b a c h t e r erreicht hat und macht auf solche Weise den Faktor c zum Urelement d e r Z e i t selbst. Dabei tritt der — wiederum merkwürdige — Fall ein, daß Einstein nur rücksichtlich der Entfernungs- V e r ä n d e r u n g , d. h. der B e - w e g u n g , die endliche Lichtgeschwindigkeit in Rechnung stellt, während er sie bei der Entfernung an sich, d. h. der Entfernung der relativ ruhenden Systeme (Entfernung der Sterne voneinander usw.) natürlich konform mit der gesamten Astronomie vernachlässigt.[1]) Sonst müßten ja auch in den Ablauf der Zeit Unterschiede von Jahrtausenden (von Lichtjahren) eingeschaltet werden!

Konsequent wäre es; freilich auch absurd. Tatsächlich sind Verbreiter und Popularisierer der Relativitätstheorie dieser kompromittierenden Konsequenz verfallen. Ja, sie dient vielen als besonders einleuchtendes und anschauliches Mittel, um die Relativitätstheorie auch dem Laien mundgerecht zu machen. Zu diesem Zwecke kleidet sie sich in das Gewand der schon erwähnten „Lumen"-Fiktion, die uns plausibel machen soll, wie der Zeitablauf sich verlangsamt, zum Stillstand gelangt, sich schließlich umkehrt (die Ursache folgt dann sogar der Wirkung!), wenn ein „sehender Beobachter" (!) sich mit ungeheurer, die Lichtgeschwindigkeit erreichender oder sogar übertreffender Schnelligkeit von der Erde entfernte bzw. sich ihr näherte. „Wir fahren in die Vergangenheit", sagt

---

[1]) Ein Widerspruch für sich! Und der nur dadurch verschleiert und versteckt bleibt, daß E. seine Beispiele dem i r d i s c h e n , nicht dem astronomischen Bereich entnimmt, d. h. daß er mit für die Lichtausbreitung minimalen G r u n d entfernungen (Bahndamm — Eisenbahnzug, Erde — Luftschiff) operiert!

R. Lämmel („Die Grundlagen der Relativitätstheorie", Springer,
Berlin, S. 107), indem er sich auf eine Phantasie von Kurt Lasswitz
bezieht. Und Alexander Moszkowski, früher der Relativitätstheorie
skeptisch gegenüberstehend[1]), verbreitet sich in seinen Gesprächen
mit Einstein, sehr zum — nur zu begreiflichen — Mißbehagen des
Meisters, ausführlichst über diese (die Relativitätstheorie unbewußt
entlarvende) „Lumen"-Phantasie, in der er eine besonders wirksame
Illustration, ein besonders schlagkräftiges Mittel zur Verdeutlichung
der Relativitätstheorie sehen möchte.[2])
    R i c h t i g verstanden beweist „Lumen" nur, daß wir uns
über die zufällig-optische Tatsache der endlichen Lichtgeschwindigkeit e r h e b e n müssen, daß wir den Lichtstrahl als unendlich
schnell, das Licht als mit seiner Entstehung allgegenwärtig setzen
müssen, um, auf einem kleinen gedanklichen Umweg, zu der Einsicht des gesunden Physiker- und Menschenverstandes zurückzu-
kehren, daß die Zukunft nicht Vergangenheit, die Vergangenheit
nicht Zukunft werden kann und Gleichzeitigkeit eben Gleichzeitigkeit ist und bleibt. —
    Alles ist in Ordnung, wenn die Lorentzschen Formeln, w i e
s i e g e d a c h t w a r e n , auf optische (und elektrodynamische)
Erscheinungen bezogen und beschränkt bleiben und nicht, mit
Einstein und noch mehr durch seine Kommentatoren, zu einer
Grundanschauung über Raum und Zeit, zu einer physikalischen
Weltansicht ausgeweitet werden.
    Einige in diesem Sinne aufschlußreiche und — verräterische
Sätze aus der Einstein-Literatur mögen hier Platz finden.
    „Die Galilei-Transformation geht aus der Lorentz-Transfor-
mation dadurch hervor, daß man in letzterer die Lichtgeschwindig-
keit c gleich einem unendlich großen Wert setzt." (Einstein, a. a. O.,
S. 23.) „An Stelle der Momentanwirkung in die Ferne bzw. der Fernwirkung mit unendlicher Ausbreitungsgeschwindigkeit tritt stets die
Fernwirkung mit Lichtgeschwindigkeit." (Einstein, ebenda, S. 33.)
    „Nur, wenn wir mit optischen (bzw. elektrischen) Erscheinungen
absolute Geschwindigkeit nachweisen wollen, geraten wir in die
erörterten Schwierigkeiten; — müssen wir, um diesen Schwierigkeiten zu entgehen, den Begriff der absoluten Zeit aufgeben. Wir
dürfen ihn beibehalten, wenn wir uns auf mechanische Erscheinungen
beschränken." So A. Pflüger in seiner weit verbreiteten populären
Broschüre über „Das Einsteinsche Relativitätsprinzip", Cohen,
Bonn, S. 15. Und weiter, ebenda, S. 18 ff.: „Die Gleichungen der
optischen (elektromagnetischen) Erscheinungen sind gegenüber den

---

    [1]) „Das Relativitätsproblem", Archiv für system. Philosophie,
Band XVII, Heft 3, 1911.
    [2]) „Einstein", Fontane & Co., Berlin, S. 119 ff.

Lorentz'schen, nicht gegenüber den Galilei'schen Transformation n invariant." — „Es gibt also bei den optischen bzw. den elektromagnetischen Erscheinungen keine absolute Gleichzeitigkeit. Dieser Begriff hat vielmehr nur dann einen Sinn, wenn man das System angibt, von dem aus ihr zeitlicher Verlauf beobachtet wird. Die Zeit ist für sie relativ." Man beachte: ein V e r f e c h t e r der Einstein-Lehre schreibt diese Sätze! Ein Verfechter beschränkt die Relativität der Gleichzeitigkeit auf optische Erscheinungen! Und er baut lediglich die folgende schwache Brücke zur Verallgemeinerung: „Denn wenn auch unsere Beweisführung nur für elektromagnetische Vorgänge gilt, so wäre es doch sehr unbefriedigend (!), wenn für die mechanischen Erscheinungen die absolute, für elektromagnetische die relative Zeit gilt, wenn die Welt also gewissermaßen in zwei Teile mit verschiedener Zeit auseinanderfiele." — Ja, wenn aber nun doch „unsere Beweisführung" n u r für elektromagnetische Vorgänge gilt!!? Und wenn die e i n e a b s o l u t e Zeit das g l e i c h e leistet, die Welt nicht „in zwei Teile auseinanderfallen" zu lassen?!...

Berücksichtigt man die Endlichkeit der Lichtgeschwindigkeit negativ, d. h. nimmt man die Lichtgeschwindigkeit unendlich, die Lichtwirkung als simultan, so ist die Zeit und die Gleichzeitigkeit für Bahndamm, Zug, Erde, Luftschiff und alle ruhenden und bewegten Systeme wieder die gleiche und natürlich ein Absolutes.

Und es kann logischerweise von vornherein gar nicht anders sein. Der Charakter des Absoluten ist im Wesen der Zeit selbst gegeben. (Die philosophische und erkenntnistheoretische Spekulation schaltet ja, wie eingangs dargetan, aus.) Denn die Zeit und ihr unendlicher und unendlich stetiger und gleichförmiger Ablauf ist etwas Letztes, nicht weiter Zurückführbares. Ihre Existenz liegt vielmehr allem Sein und Geschehen zugrunde. Die Zeit ist daher auch undefinierbar.

Ganz das gleiche gilt vom Raum. Auch er ein Letztes, Undefinierbares.

Und in Konsequenz dessen ist Gleichzeitigkeit eine Absolutheit, nämlich die absolute und selbstverständliche I d e n t i t ä t eines Zeitpunktes, eines Augenblickes m i t s i c h s e l b s t. Entsprechend der Identität eines Raumpunktes mit sich selbst.

Die „Relativität" dieser Identität ist ein offenbarer Ungedanke. Ohne diese Identität verliert der Begriff des Raumes und der Zeit seinen Sinn, gibt es keinen Zeitablauf, keine Raumausbreitung, keine Zeit- und keine Raumbestimmung und -messung.

R e l a t i v sind alle M a ß s t ä b e, zeitliche und räumliche; a b s o l u t sind die mit sich selbst identischen Zeit- und Raumgrößen.

Absurd und gegen die menschliche Vernunft selbst erscheint daher die Behauptung Einsteins (a. a. O., S. 20):

„1. Der Zeitabstand zwischen zwei Ereignissen ist vom Bewegungszustand des Bezugskörpers unabhängig.

2. Der räumliche Abstand zwischen zwei Punkten eines starren Körpers ist vom Bewegungszustand des Bezugskörpers unabhängig" —

seien „zwei durch nichts gerechtfertigte Hypothesen".

Menschliche Vernunft sieht darin im Gegenteil zwei absolute Selbstverständlichkeiten, die lediglich durch die optische Einstellung der Einstein-Theorie in Frage gestellt werden konnten.

VII.

Denn es ist kein Zweifel: ebenso wie die Relativierung der Gleichzeitigkeit beruht die Einsteinsche These von der Verkürzung bewegter Stäbe, von dem ungleichen Gang bewegter Uhren auf rein optischer Orientierung.

Der s e h e n d e, in Ruhe befindliche B e o b a c h t e r konstatiert jene Verkürzung des starren Stabes, weil ihn Anfangs- und Endpunkt des bewegten Stabes (der zu diesem Zweck quasi leuchtend gedacht, jedenfalls aber optisch erfaßt wird) mit Z e i t - v e r s c h i e b u n g infolge der nur endlichen Geschwindigkeit des Lichtes erreicht.[1]

Die wegbewegte Uhr geht im Vergleich zur ruhenden nach, weil ihre L i c h t botschaft, abgesandt in einem bestimmten Moment — z. B. 12^{00} — der r u h e n d e n Uhr, den Beobachter erst n a c h diesem Moment erreicht. So daß, wenn der ruhende Beobachter auf seiner Uhr bereits $12 + x^{00}$ registriert, erst 12^{00} von der wegbewegten Uhr eintrifft. Die Betrachtung läßt sich auch umkehren: Die bewegte Uhr geht vor, soferne man von einem Moment — z. B. 12^{00} — der bewegten Uhr selbst den Ausgang nimmt. Denn dann trifft der Moment 12^{00} der ruhenden Uhr, da er der bewegten mit Lichtgeschwindigkeit nacheilen muß, erst später ein.

Daher auch die von Einstein behauptete Zusammenschrumpfung der Körper bis zur Fläche, wenn die Wegbewegung vom ruhenden Beobachter sich der Lichtgeschwindigkeit nähert. Daher auch die Behauptung von der Lichtgeschwindigkeit als größtmöglicher, als Grenzgeschwindigkeit — weil eben sonst wegbewegte Körper zu

---

[1] Um einem bösen Mißverständnis vorzubeugen: von den natürlichen S c h r a n k e n unseres Gesichtssinnes (Perspektive usw.) ist hier ganz und gar abgesehen, vielmehr ein i d e a l e s, u n b e g r e n z t e s Sehen vorausgesetzt. (Physik, nicht Physiologie!)

nichts verdunsten. Eine Konsequenz, vor der man überraschender-
weise doch zurückscheut, obwohl sie nicht abstruser ist als die der
Zusammenschrumpfung.

Und obwohl sie ja nur wie diese einen o p t i s c h e n Sinn
hat und haben kann!

Aber Einstein und seine Anhänger lehren wirklich und wahr-
haftig die p h y s i k a l i s c h e R e a l i t ä t solcher Veränderung
auf Grund des „Standpunktes des Beobachters", auf Grund der
„Abhängigkeit vom Beobachter." (z. B. Bloch „Einführung in die
Relativitätstheorie", Teubner, Leipzig, S. 46.)

„R a u m , Z e i t u n d L i c h t g e s c h w i n d i g k e i t
h ä n g e n z u s a m m e n", so präzisiert Lämmel („Die Grundlagen der Relativitätstheorie", Springer, Berlin, S. 89) den Gesamt-
sachverhalt — und damit, unbewußt und unfreiwillig, auch den
Generalirrtum der Relativitätstheorie. Immer sind optische Ein-
drücke im Spiele, in Wirksamkeit, die an ein Beobachtungsziel
gelangen müssen und dadurch Zeit und Raum bestimmen, bemessen,
variieren.

So kommt Einstein auch zu dem unhaltbaren Schluß und der
weiteren Zumutung an unsere sich sträubende Vernunft, daß ein
„Mann im Wagen die gleiche Strecke Weges nicht in 1 Sekunde
durchläuft, die er auf dem Bahndamm in 1 Sekunde durchläuft"
(S. 18 der obengenannten Schrift). Und er erläutert seine „Relativität des Begriffs der räumlichen Entfernung" mit den Rätsel-
worten: „Vom Bahndamm aus gemessen kann also die Länge des
Zuges eine andere sein als vom Zuge aus gemessen." „Es ist a priori
durchaus nicht ausgemacht...", „es braucht diese Strecke nicht
auch gleich w zu sein." (Ebenda, S. 19.)

Die Lösung der Rätselworte birgt der Faktor c in sich, der
bewegte Raumstrecken elastisch macht und zur Dehnung und Zu-
sammenziehung bringt.

VIII.

Endlich aber muß gesagt werden, daß neben der optischen
Welt doch noch eine Welt der T ö n e , G e r ü c h e , G e -
s c h m ä c k e und des G e t a s t e s besteht. Kein Zweifel: Das
Gesicht führt an die Außenwelt in einem Ausmaß heran, daß wir
geneigt sind, die g e s e h e n e W e l t mit der Welt überhaupt zu
identifizieren. Aber prinzipiell besteht kein Hindernis, im Sinne
der Einsteinschen Relativitätstheorie eine Welt lediglich des Schalls,
Geruchs usw. aufzubauen und den Faktor c durch die Geschwindigkeit des Schalles, der Geruchsausbreitung usw. zu ersetzen. Die
ev. Konsequenzen einer solchen Relativierung sind einleuchtend
und bedürfen keines Kommentars! Raum und Zeit würden geradezu

18

groteske Verschiebungen, Verrenkungen und Ausweitungen erfahren, Gleichzeitigkeit und Raumidentität völlig ihren Sinn verlieren. — Eine Welt des G e t a s t e s käme, w ö r t l i c h genommen, ebenfalls in keiner Weise in Betracht, da sie ja nur zu zusammenhanglosen, unendlich kleinen Bruchstücken der Gesamtwelt führte. R i c h t i g verstanden aber und in ü b e r t r a g e n e m Sinne angewandt k o r r i g i e r t sie die rein optische Einstellung Einsteins, indem sie an die Stelle des jedesmal zu überwindenden Lichtweges und der Endlichkeit der Lichtgeschwindigkeit die unendliche Geschwindigkeit, das Simultane der unmittelbaren, mechanischen Berührung setzt. Newton, Galilei-Transformation!

Einsteins Theorie zeigt von einer neuen Seite ihre Absonderlichkeit. Was die gesund-naive Betrachtung der Natur instinktiv, was die Wissenschaft von der Natur bewußt stets berücksichtigt hat und berücksichtigt, übersieht, verkennt, vergißt sie: das ist die einfache Tatsache von der Relativität, der Subjektivität, der Einseitigkeit jedes e i n z e l n e n Sinnes, jeder einzelnen Weise physikalischen Geschehens — Lockes sekundäre Qualitäten — und die naturgegebene Notwendigkeit, a l l e jeweils durch a l l e zu korrigieren, um so zu einem einheitlichen, widerspruchslosen und physikalisch-objektiven Gesamtbild zu gelangen.

Es ereignet sich vielmehr der eigenartige Fall, daß eine Lehre, die „R e l a t i v i t ä t" auf ihre Fahne geschrieben hat, den relativen Charakter der rein optischen Weltbetrachtung ganz und gar außer acht läßt und sie geradezu zu etwas A b s o l u t e m macht!! Die Folge ist dann freilich, daß etwas so Absolutes wie die Gleichzeitigkeit relativiert werden muß!

In Wahrheit ist die Sachlage die: Töne, Gerüche, Tast- und Geschmackseindrücke können gleichzeitig sein ebenso wie Lichtblitze. (Gleichzeitig können vor allem auch Gedanken, Vorstellungen, Gefühle usw. sein! Doch davon sei hier abgesehen.) Ob und wie ich diese Gleichzeitigkeit k o n s t a t i e r e n kann, ist etwas anderes, hängt sicherlich vom Beobachter, seinem Standpunkt, seiner Bewegung oder Ruhe ab und ebenso sicherlich von der A u s b r e i t u n g s g e s c h w i n d i g k e i t des betreffenden physikalischen Vorganges, sei es optische oder akustische, Licht- oder Luftbewegung usw. Die w i r k l i c h e Gleichzeitigkeit aber ergibt sich, indem man alle diese Faktoren b e r ü c k s i c h t i g t und von dem vielgenannten „Standpunkt des Beobachters", statt ihn in den ausschlaggebenden Mittelpunkt zu rücken, im Sinne der g e s a m t e n Physik (exklusive der Einstein-Leute) a b s i e h t.

Bliebe aber selbst wirkliche Gleichzeitigkeit niemals einwandfrei zu konstatieren, so muß sie, wie schon früher erwähnt, gemäß dem in sich selbst begründeten Satz der Identität existieren und als Forderung unserer Logik und Vernunft vorausgesetzt werden. Ebenso wie die Identität einer Zeit- oder Raumstrecke mit sich selbst.

IX.

Einer besonderen Beleuchtung bedarf ein Anhänger und Interpret der Relativitätstheorie, dessen Beistand Einstein kaum willkommen sein dürfte. Denn was als Bestätigung und als Bekräftigung gedacht ist, erweist sich als bedenkliche philosophische Ausdeutung. Und die Kommentierung wird zur unfreiwilligen Entlarvung. P e t z o l d t („Die Stellung der Relativitätstheorie in der geistigen Entwicklung der Menschheit“, Sibyllenverlag, Dresden) unternimmt nämlich zum höheren Ruhm der Einstein-Theorie den Nachweis, daß sie ganz und gar s i n n e s p h y s i o l o g i s c h fundiert ist. Er geht damit noch weit hinaus über das, was wir gegen Einsteins rein optische Einstellung ins Treffen geführt haben. Denn diese optische Einstellung ist bei Einstein trotz allem eine r e i n p h y s i k a l i s c h e und der „sehende Beobachter“ bildet nur den, an sich gleichgültigen, Ziel- und Eintreffepunkt der Lichtausbreitung. Er ist jederzeit durch einen entsprechenden Apparat zu ersetzen. Wesentlich ist immer nur der objektive Lichtstrahl, die Lichtgeschwindigkeit, kurz das physikalische Moment. Und in diesem Sinne und nur in diesem Sinne erhoben wir unsere Bedenken.

Nun v e r m e h r t Petzoldt diese Bedenken, indem er aus der Relativitätstheorie subjektivistisch-psycho-physiologische Konsequenzen zieht, die allen Subjektivismus einer extrem-phänomenalistischen Erkenntnistheorie weit in Schatten stellen und an welche bisher kein noch so entschiedener G e g n e r gedacht hat.

Petzoldt bringt nämlich die Ergebnisse der Relativitätstheorie in unmittelbaren Zusammenhang mit den Veränderungen, die unsere Sehdinge durch den Einfluß der P e r s p e k t i v e erleiden, mit der Tatsache, daß körperliche Gebilde von verschiedenen Seiten betrachtet verschiedene Form annehmen, verschiedene Bilder ergeben!

Einstein könnte da wirklich Schutz vor seinem Propheten verlangen. Denn Petzoldt führt ihn geradezu ad absurdum.

Die „perspektivischen Erfahrungen... zeigen eine weitgehende Analogie mit den Aussagen der Relativitätstheorie.“ (Petzoldt, a. a. O., S. 103.) Und mit Bezug auf das „Bild“ einer sich entfernenden Lokomotive: „Der ‚mitbewegte Lokomotivführer‘ nimmt nichts von der Kontraktion wahr, die der ‚ruhende‘ Beobachter feststellt.“ (S. 103.) Eine ähnliche Betrachtung wie dem, mehrfach erwähnten, aus der Ferne sich nähernden und dabei sich vergrößern-

den Eisenbahnzug (S. 71) — „‚Derselbe‘ Eisenbahnzug ist ein Begriff" (S. 72), d. h. keine feste Realität! — gilt einem von verschiedenen Punkten aus gesehenen Berg! (S. 31.) „Das Matterhorn"
dient hierfür als besonders schlagkräftiges Beispiel!! (S. 82.)

Die Relativitätstheorie, in die Nähe derartiger optischer Natur-
spiele gerückt, macht dann allerdings deutlich, „wie die Physik
die mechanische Naturauffassung verläßt und sich der sinnesphysiologischen nähert" (S. 103).

Petzoldt vergißt dabei nur, daß Physik und Mechanik ein
Ganzes bilden, physikalischer und sinnesphysiologischer Standpunkt
aber diametrale Gegensätze sind. Denn gerade durch schrittweise
und systematische A u s s c h a l t u n g aller sinnesphysiologischen
und -psychologischen Momente erarbeitet die Physik ihre Resultate.
Wer bei dem optischen Augenschein, womöglich bei der optischen
Täuschung (konsequenterweise), stehen bleibt, vertritt nicht den
Standpunkt eines Physikers, nicht einmal den des zitierten — Loko-
motivführers, sondern höchstens den eines — sehr — kleinen Kindes.
Die Physik hat jedenfalls keinen Platz für ihn; eber eine entartete
subjektivistische Philosophie, die, in völliger Verwirrung aller
Begriffe, womöglich Netzhaut und Sehnerv zum Angel- und Mittel-
punkt der Welt macht.

„Die Natur, deren Teile wir ja sind", ist „sinnesphysiologisch
bedingt..." (S. 114).

Einstein sieht „in der Natur... eine Welt von Empfindungen... eine sinnesphysiologische Mannigfaltigkeit" (S. 120).

Und S. 125 heißt es: Die „sinnesphysiologisch fundierte Relativitätstheorie." S. 109: Fizeau, Michelson und „Sinnesphysiologie"
zwingen zur Einsteinschen Theorie. S. 102: „So ist die wirkliche
Welt des Menschen eine sinnesphysiologische... "

Also nicht etwa erkenntnistheoretischer Idealismus, nicht
psychologischer Subjektivismus, sondern p h y s i o l o g i s c h e r
Relativismus in verwegenster Form — und Einstein als seine Stütze!

Aber auf solchem Fundament ist ja Physik überhaupt
nicht mehr möglich! Denn Physik involviert Gedankliches, er-
heischt Abstraktion von Zufälligem, verlangt vernunftgemäßen
Aufbau. Und dem allen spricht Petzoldt Wert und Daseinsbe-
rechtigung ab zur höheren Ehre des sinnesphysiologischen Befundes.
Das Mißtrauen gegen das „Denken" — beliebt bei allen extremen
Subjektivisten und Positivisten — ist gänzlich ungerechtfertigt,
da ja das Denken mit seinem körperlichen Substrat, dem Gehirn,
genau so.gut ein Teil und ein Produkt der Gesamtnatur und Ge-
samtwirklichkeit ist wie der Sinnesapparat und deshalb das gleiche
Vertrauen als Wahrheitsproduzent verdient. Wahrheit und Wissenschaft ist immer noch hervorgegangen und kann nur hervorgehen

aus der Befragung und der Anwendung unseres gesamten An-
schauungs- und Erkenntnisinstrumentes. Dazu gehört Vernunft
und Verstand ebenso wie Erfahrung und Empfindung. Hier liegt
ein unteilbares Ganzes vor, durch Entwicklung und Anpassung
erzeugt und gezüchtet durch die Gesamtnatur selbst[1]).

Übrigens rekurriert Petzoldt, der gegen das „Denken" und
gegen das „natürliche Denken" (S. 17 und S. 80) immer wieder
schwere Bedenken äußert, ganz unwillkürlich doch auf dieses
Denken, wenn er für seine eigenen Behauptungen anführt, daß
„das Denken (!) ... sich beim Dualismus nicht beruhigen" konnte
(S. 22).

(Nebenbei: Bei solchem Mißtrauen gegen alles Denken erscheint
es als sonderbares Wagnis, wissenschaftliche und gar philosophische
Bücher zu schreiben. Jede wissenschaftliche Darlegung ist doch
ein Produkt des Denkens, und wer über den sinnesphysiologischen
Befund philosophiert, beschränkt sich nicht auf diesen Befund
— dann hätte er uns wenig oder nichts zu sagen —, sondern stützt
sich auf das D e n k e n über diesen Befund und sein Verhältnis
zum gesamten Bewußtseinsinhalt.)

Aber sehen wir ab vom Denken und von diesen Bedenken.
Auch der sinnesphysiologische (richtiger sinnesphysiopsychologische)
Befund wird von Petzoldt in Anlehnung an Einstein und zu seiner
Stütze noch e i n g e s c h r ä n k t und der G e s i c h t s s i n n
a l l e i n und auf Kosten aller anderen Sinne bevorzugt und zum
maßgebenden Faktor gemacht.

Das natürliche und naturgemäße Verhalten kann aber selbst
für einen extrem sinnesphysiologischen Standpunkt nur die Befragung und Ineinklangsetzung a l l e r Sinne und ihres Befundes
sein. In erster Linie ist mit dem Sehsinn der T a s t s i n n heran-
zuziehen, zu vergleichen und aus beiden ein in sich widerspruchs-
loses Resultat zu gewinnen.

Jedenfalls spricht alles dafür, nichts dagegen, die Aussagen
der v e r s c h i e d e n e n S i n n e für ebenso wichtig und bedeutungsvoll zu nehmen wie die Aussagen v e r s c h i e d e n e r, nur
„s e h e n d e r" B e o b a c h t e r. (Denn weder die einen noch
die anderen sind ein Zufallsprodukt.) Und jedenfalls wird man
in b e i d e n Fällen über die zunächst divergierenden Aussagen
zu einer dem wahrgenommenen Komplex zugrunde liegenden Einheit
vorzudringen versuchen. Sonst gibt es weder die Möglichkeit
praktischer Orientierung noch physikalischer Feststellung. Die
Welt löst sich in einen chaotischen Nebel von zusammenhanglosen
Empfindungen auf.

---

[1]) S. des Verf. „Wirklichkeitsstandpunkt" und vgl. S. 6 dieser
Abhandlnug.

Über die nur zu berechtigte, ihn offenbar selbst beunruhigende „Besorgnis, daß durch die Mehrzahl der Beobachter ein der Physik fremdartiges psychologisches Moment in ihre Darstellungen hineingetragen würde..." (S. 108), geht Petzoldt sorglos hinweg. Diese Besorgnis wird aber nur dann hinfällig, wenn man — allerdings sehr g e g e n Petzoldt und Einstein — nicht jedem Beobachter von seinem „Standpunkt" aus und für seinen Standpunkt r e c h t gibt, sondern durch gegenseitige K o r r e k t u r zum objektiv-realen Kern vorstrebt.

Also: wie die Aussagen und Festsetzungen der verschiedenen Beobachter so müssen auch die Erfahrungen der verschiedenen Sinne zusammengehalten werden, um über die krassesten Relativitäten und Subjektivitäten zu wenigstens verhältnismäßigen Absolutheiten und Objektivitäten vorzudringen. Dies unterlassen, heißt, auf das menschlichem Erkenntnisvermögen gegebene Maß an Erfassen, an geistiger Besitzergreifung der Welt verzichten. Ohne jeden Grund verzichten. Es bedeutet ein vorzeitiges Sanktionieren einer Subjektivität und Relativität, über die uns der natürliche Instinkt ebenso wie die Wissenschaft längst hinausgeführt hat. Es ist nichts anderes, als die vielen Schritte wieder freiwillig zurückzugehen, die gesunder Menschenverstand und systematische Forschung im Laufe der Zeit vorwärts gegangen sind.

Es führt, angewandt auf die Physik, nur zu folgerichtig und zwangsläufig zu einer Theorie, die sich, ebenso folgerichtig und in treffender Selbstkritik, eben die „Relativitäts"theorie nennt. Eine Welt des S c h e i n e s, des A u g e n scheines, wird aufgebaut — die W e l t d e s G e t a s t e s, der Berührung, des D r u c k e s u n d S t o ß e s ist, in physikalischem, physiologischem und psychologischem Betracht, in den Hintergrund geschoben, negiert.

Das ist ungemein bezeichnend; denn g e r a d e i n l e t z - t e r e r findet sich die Möglichkeit, aus dem ewig und nur Relativen sich zu befreien, s i e k o r r i g i e r t a m s c h l a g e n d s t e n d e n o p t i s c h e n S c h e i n, d i e o p t i s c h e T ä u s c h u n g, in ihr findet die klassische (nicht-Einstein'sche) Physik ihre Stütze, in ihr werden wir verhältnismäßig am nächsten an das real-objektiv-physikalische Sein der Dinge herangeführt.[1]

Diese Einsicht, das Bewußtsein der Gefahr sozusagen, daß der Tastsinn die Aussagen des Gesichts und damit die Behauptungen der Relativitätstheorie Lügen strafen könnte, taucht auch bei Petzoldt auf. Wenn er (S. 103) sagt: „Nicht nur für das Auge (!) des ‚ruhenden' Beobachters, sondern auch für seinen Tastsinn (!)

---

[1] Der S e h sinn ist in erster Linie Illusionen und Halluzinationen ausgesetzt — der T a s t sinn befreit uns von ihnen durch „greifbare" Wirklichkeit.

würde die Zeigerstellung der Uhren des ‚bewegten' Systems eine
andere sein als für den ‚mitbewegten' Beobachter", so rührt er
damit — recht unvorsichtig — an die Achillesferse der Relativitätstheorie. Denn die Divergenz der Uhren ist eine der a priori ungereimtesten Seiten der Einstein'schen Lehre. Dieser Eindruck wird
verstärkt, wenn Petzoldt für seine Behauptung keine entschiedeneren Wendungen findet als: das „ist durchaus denkbar", das
ist „durchaus nicht paradoxer" als..., „die Theorie fordert prinzipiell, daß zwei gegeneinander bewegte Beobachter an ‚ein und
derselben' Uhr gleichzeitig verschiedene Zeigerstellungen sehen und
tasten..., daß für Auge und Hand..." — Also an Stelle eines
Beweises, zum mindesten des Versuches, die Sache mundgerecht
zu machen, ein paar höchst unsichere, nichts weniger als überzeugte
oder überzeugende Sätze.

Aber mit dem Hinweis auf den, in diesem Fall doch etwas
unbequemen und nicht so ganz geheuren T a s t s i n n weist
Petzoldt — unfreiwillig — den Weg zur Klarheit und Klärung.

Der Tastsinn (subjektiv gesprochen) — Druck und Stoß (objektiv ausgedrückt) — führt uns nämlich am unmittelbarsten an
die physikalisch gegebenen Dinge heran, erschließt uns gewissermaßen den Weg zum Herzschlag des physikalischen Geschehens.

Imaginieren wir, um das zu verdeutlichen, einen Tastsinn, der
imstande wäre, das g a n z e U n i v e r s u m z u u m f a s s e n,
so ergibt sich mit einem Schlage die Welt der Galilei, Newton,
in der eine einheitliche Zeit, ein einheitlicher Raum sich in Unendlichkeit ausdehnt, in der Gleichzeitigkeit etwas selbstverständlich
Absolutes ist, in der Stäbe ihre Länge, Uhren ihren Gang behalten.

Und vielleicht kommt alle Verwirrung, in die uns die Relativitätstheorie gestürzt hat, einfach daher, daß der Gesichtssinn
nicht nur für unser praktisches Leben und für alle Technik, sondern
auch noch tief hinein in alle Wissenschaft tatsächlich dieser Greifsinn in die Ferne, dieser sich ins scheinbar Unbegrenzte erstreckende
Tastsinn ist; daß er es aber vor dem Forum der streng-exakten
Wissenschaft doch nur s c h e i n b a r, b e d i n g t, b e i n a h e ist,
weil von der Umwelt, von den Dingen her die E n d l i c h k e i t
d e r L i c h t g e s c h w i n d i g k e i t Verzögerungen, freilich
minimalste, schafft und die Zeitlosigkeit, das Simultane des Erfassens zum mindesten theoretisch wieder aufhebt.

Einsteins Relativierung besteht nun darin und beruht darauf,
daß er den V e r z ö g e r u n g s f a k t o r c in alles Geschehen,
in alle Rechnung über Raum und Zeit einschiebt und auch über
das rein Optische hinaus darin b e l ä ß t, die Wiederausschaltung
von c, w i e s i e d e r T a s t s i n n e r h e i s c h t, dagegen
u n t e r l ä ß t. Einstein schafft damit eine falsche Korrektur des

24

raumzeitlichen Geschehens. Wir müssen den Weg Einsteins z u -
r ü c k gehen, um auf solchem Umweg die durch ihn getrübte
Wahrheit wiederzufinden.

X.

Das physikalische „Ereignis" sitzt, zeitlich eindeutig bestimmt,
im Ort des Geschehens und wird auch nur von d e m „Beobachter"
zeitlich maßgebend bestimmt, der nicht aus irgendeiner Entfernung, von irgendeinem bewegten Standpunkt aus urteilt,
sondern der sich in das Ereignis selbst versetzt, indem er sich ihm
durch das Getast, tatsächlich oder gedanklich, mechanisch ver-
bindet — oder doch in so unmittelbarer Nähe optisch beobachtet,
daß Getast und Gesicht, wenigstens praktisch, zu eins verschmelzen.
Der ideale, allein in Betracht kommende, durch die Wissenschaft
geforderte Beobachter ist also der, der durch Simultanbeobachtung
s i c h z e i t l i c h s e l b s t a u s s c h a l t e t , das zeitlich-sub-
jektive Moment eliminiert. Es ist der Beobachter, der auch mit
der starren Raumstrecke, mit dem körperlichen Gebilde sich selbst
identifiziert und so gar nicht in die Lage kommt, durch optische
Standpunkte im ewig Relativen zu verharren. Es ist d e r Beobachter, der auch das Lichtsignal selbst mechanisch-tastlich erfaßt,
sich irgendwie mit ihm in eine wirkliche oder angenommene Berührung bringt.

So wenig also haben a l l e „Beobachter" von ihrem „Standpunkt" aus recht, daß vielmehr n u r d e r , optisch oder mechanisch (durch Gesicht oder Getast) erfassende Beobachter recht hat,
der mit dem Ereignis, mit dem Gegenstand, mit dem Lichtzeichen
örtlich eins oder ihm doch unmittelbar benachbart ist.

Das Phantom von der „Relativität der Gleichzeitigkeit" würde
aber von vornherein gar nicht derart in die Erscheinung haben
treten können, wenn man statt i m m e r u n d a u s n a h m s l o s
nur von L i c h t ereignissen auszugehen (und auch sie nur optisch
zu betrachten, statt sie ins Mechanische umzusetzen), an die Gleichzeitigkeit der B e r ü h r u n g zweier sich stoßender Körper, an
die Gleichzeitigkeit a k u s t i s c h e r Ereignisse, an die Gleichzeitigkeit des Optischen u n d Akustischen gedacht hätte, wie es
z. B. in B l i t z u n d D o n n e r , in Feuer und Knall einer
Schußwaffe gegeben ist. Mit einem Schlag wird damit das Wesen
wirklicher und absoluter Gleichzeitigkeit erhellt und die Bedeutung
des Beobachters auf ihren wahren Grad zurückgeführt.

Der aus mehreren gleichzeitigen, von einem einzigen Instrument
hervorgebrachten Tönen bestehende A k k o r d zeigt, positiv, den
absoluten Charakter der Gleichzeitigkeit; — die beträchtlichen
I n t e r v a l l e , die zwischen gleichzeitigen Tönen entstehen, wenn

sie aus verschiedenen E n t f e r n u n g e n „beobachtet" werden,
zeigen, negativ, wie falsch, verwirrend und verwirrt eine Naturbetrachtung ist, die die A u s b r e i t u n g s g e s c h w i n d i g -
k e i t der physikalischen Vorgänge nicht vollkommen außer
Rechnung läßt. Einstein wird nicht müde, fast auf jeder Seite
auf den Zusammenhang seiner Ergebnisse mit dem „L i c h t a u s -
b r e i t u n g s g e s e t z" hinzuweisen — aber zu welchen Ergeb-
nissen käme ein Physiker, der, mit ähnlichem Recht und ähnlichen
Konsequenzen, Zeit, Raum, Gleichzeitigkeit und alles Geschehen
etwa mit dem S c h a l l a u s b r e i t u n g s g e s e t z in Ver-
bindung brächte?!...

Wie sehr die Relativitätstheorie fast gewaltsam bemüht ist,
die Fehlerquelle des Lichtausbreitungsgesetzes in Permanenz zu
erklären, ersieht man daraus, daß sie bei ihrem (einzigen) Beispiel
der gleichzeitigen Lichtblitze diese nicht etwa unmittelbar benachbart sein läßt — wodurch sofort eine Annäherung an absolute
Gleichzeitigkeit selbst für den bewegten optischen Beobachter gegeben wäre —, sondern sie möglichst d i s t a n z i e r t und so die
Ausbreitungsdauer möglichst zur Geltung bringt.

XI.

Mit dem bisher Gesagten ist auch der Schlüssel gegeben zur
extremen Relativierung aller B e w e g u n g durch Einstein. Seine
eigensinnig-einseitige optische Einstellung führt ihn auch hier zu
seinen Folgerungen.

O p t i s c h betrachtet ist nämlich j e d e Bewegung, die
gleichförmige wie die ungleichförmige wie die beschleunigte, relativ
und jedes bewegte System mit dem gegen dasselbe ruhenden ver-
tauschbar, ihm äquivalent.

Versetzt man sich aber in die Bewegung selbst, erfaßt man
sie sozusagen tastlich-mechanisch, so bleibt ein untilgbar Absolutes,
ein nicht weiter definierbar Letztes, das der relativen Bewegung
elementar zugrunde liegt. Elementar wie eben Raum und Zeit
selbst. Der sich selbst bewegende tierische Organismus, unser
eigener sich willkürlich bewegender Leib zeigt uns mit letzter
Deutlichkeit den Sinn des absolut Elementaren in aller Bewegung.

Ganz abgesehen vom rein Logischen: relativ und absolut sind
korrelative Begriffe und wer, auch rein physikalisch gesprochen,
absolute Ruhe und absolute Bewegung leugnet, kann gar nicht
zum Begriff von relativer Ruhe und relativer Bewegung kommen.
Relative Ruhe und Bewegung kann nur sein, wenn Bewegung
überhaupt existiert.

Absolute Ruhe und absolute Bewegung ist die V o r a u s -
s e t z u n g für jede Möglichkeit von R u h e u n d B e w e g u n g
ü b e r h a u p t.

Die Bewegung der Elektronen, der Atome, der Moleküle, der
lebendigen Organismen, der Erde, der Gestirne m u ß , wenn auch
alle diese Bewegungen nach R i c h t u n g und G e s c h w i n d i g -
k e.i t nur aneinander, in Gegenseitigkeit m e ß - und b e s t i m m -
b a r sind, doch eine irgendwie absolute im absolut ruhenden,
unendlichen Weltraum sein. Sonst wird, unter anderem, das ganze
Riesengebäude unserer A s t r o n o m i e sinnlos. —

Ganz besonders geeignet, uns nicht nur den Begriff sondern
auch die physikalisch notwendige Existenz von absoluter Ruhe,
absoluter Bewegung, eines absoluten, unendlichen Raumes und einer
absoluten, unendlichen Weltenzeit trotz Einstein einleuchtend zu
machen, ist das, von Einstein ansonsten so sehr bevorzugte —
L i c h t!

Unabhängig von seiner Quelle, unabhängig von seinem Ausgangssystem und dessen Bewegung durcheilt es mit 3 0 0 0 0 0 k m
i n 1 S e k u n d e d e n R a u m.

Wir fragen Einstein: welchen Raum?! In was für einer Sekunde?! Mit was für 300 000 km?!

Es kann nur e i n e Antwort geben: den einen unendlichen
W e l t e n r a u m in einer W e l t sekunde mit 300 000 W e l t -
kilometern! Das Vakuum, das Universum, der unendliche Raum
somit trotz allem als bevorzugtes Koordinatensystem, als absolut
ruhendes System! Wenn die Astronomie mit Lichtjahren die großen
Entfernungen der Himmelskörper bemißt, so fußt sie instinktiv und
notwendigerweise auf dieser Voraussetzung.

Und wenn Einstein von der „Lichtausbreitung im Vakuum"
spricht, so kann er im Grunde auch nichts anderes darunter verstehen. Hier ist der Punkt, wo auch er — unbewußt — sich in die
Bewegung selbst versetzt, sich mit dem Naturgeschehen identifiziert, wo er das Optische nicht wieder — optisch distanziert. Ein
ewiger circulus vitiosus wäre ja auch die unausbleibliche Folge.
Durch eine notgedrungene Inkonsequenz entgeht dem die Einsteinsche Lehre. —

XII.

Und damit eröffnet sich das Gebiet der i n n e r e n W i d e r -
s p r ü c h e der Relativitätstheorie. Diese inneren Widersprüche
sind die unvermeidbare Begleiterscheinung aller Unstimmigkeiten
nach außen hin — und sie sprechen eine nicht minder beredte
Sprache als diese.

Naturgemäß und wie von vornherein zu erwarten, manifestiert sich das Unhaltbare der extremen Relativierung in Behauptungen, die eine unwillkürliche oder versteckte a b s o l u t i s t i s c h e Denkweise involvieren.

[Nebenbei und zudem: der Lichtgeschwindigkeit wird von Einstein eine absolute Bedeutung als „Naturgesetz" zuerkannt, während sie nichts als ein für sich bestehendes, verhältnismäßig zufälliges Tatsachen- oder Erfahrungsgesetz ist, dem, da es sich nur um ein ganz bestimmtes, e i n z e l n e s Naturgeschehen handelt, der Charakter des Allgemeinen fehlt.

Die Einsteinsche Gleichstellung des Lichtausbreitungs„gesetzes" etwa mit den Gesetzen des Falls, seine Bezeichnung als „allgemeines Naturgesetz", das für jeden „Bezugskörper gleich lauten" muß (Einstein, a. a. O., S. 12, 13), weil es sonst „im Widerspruch mit dem (einfachen, klassischen) Relativitätsprinzip" (S. 13) sei, ist nicht aufrechtzuhalten. Die a l l g e m e i n e n N a t u r - g e s e t z e gelten nach diesem Prinzip ohne Zweifel in gleicher Weise für alle gleichförmig gegeneinander bewegten Systeme. Die Lichtgeschwindigkeit aber muß schon vermöge der U n a b h ä n - g i g k e i t des Lichts von Quelle und Ausgangssystem (von Einstein ausdrücklich betont, S. 12) eine konstante i m g a n z e n U n i - v e r s u m sein; und nur infolge seiner ungeheuren Geschwindigkeit — namentlich in bezug auf alle irdischen Verhältnisse und Vorgänge — ergibt das Lichtexperiment keine feststellbaren Abweichungen von der — ursprünglich a s t r o n o m i s c h[1]) nach- gewiesenen — Geschwindigkeit von 300 000 km/Sek. —]

Bei der Betrachtung, die Einstein hinsichtlich der Lichtausbreitung, bezogen auf Bahndamm einerseits und Eisenbahnwagen andererseits anstellt (S. 12), unterlaufen der Theorie der Relativität sogar absolutistische Annahmen und Vorstellungen, wie sie höchstens einem Gegner der Relativitätstheorie verziehen werden könnten. Die Drehung der Erde um sich selbst, die Bewegung der Erde um die Sonne ist vollständig vergessen. Die Bewegung des Eisenbahnwagens, seine „Richtung" wird ganz harmlos als etwas durchaus eindeutig Bestimmtes der Lichtausbreitung gegenübergestellt. Während doch das Licht dem V a k u u m angehört (s. oben) und weder mit dem System der Erde noch mit dem des Eisenbahnwagens das geringste zu tun hat. Die „R i c h t u n g" des Eisenbahnwagens und des Bahndammes (der Erde) i m V a k u u m aber ist zuvörderst eine sehr komplizierte, sodann eine ungemein vieldeutige und schließlich eine überhaupt gar nicht angebbare. Das Verhältnis zwischen Lichtausbreitung, Bewegung des Bahndammes und

---

[1]) Wohl zu beachten!

Bewegung des Eisenbahnwagens ist somit in Wahrheit undurch-
schaubar. In „Wirklichkeit", nämlich im Vakuum, bewegt sich
der das Lichtsignal scheinbar fliehende, d. h. d e r   a u f   d e m
B a h n d a m m   s i c h   „v o r w ä r t s" bewegende Eisenbahnwagen   v i e l l e i c h t   dem Lichtsignal „e n t g e g e n"!...

Ähnliches ist dem Gleichzeitigkeitsbeispiel Einsteins gegenüber
zu bemerken. Auch hier geht Einstein (S. 16 ff.) von der Annahme
zweier absoluter   R a u m p u n k t e   aus, die er auf dem   B a h n -
d a m m   fixiert und denen sich ein im Zug befindlicher Beobachter
„nähert". Übersehen wird vollständig die komplizierte Eigenbe-
wegung des Bahndammes (der Erde) mitsamt diesen Punkten, die
ebenso komplizierte und vieldeutige des Zuges mitsamt dem Beobachter und endlich wiederum die Tatsache, daß das Licht keinem
bestimmten System angehört, also auch nicht dem Bahndamm,
sondern frei das Vakuum durcheilt.

In Anbetracht dieser letzteren Tatsache und unter Berück-
sichtigung der durch   ü b e r g e o r d n e t e   Bewegungen unbe-
stimmbar gemachten Eigenbewegungen aller Systeme muß das
Lichtexperiment, vor allem das rein-irdische, immer etwas Proble-
matisches behalten. Und nur die   u n g e h e u r e   G e s c h w i n -
d i g k e i t   des Lichts schafft einen gewissen, praktisch gültigen
Ausgleich und führt zu halbwegs zutreffenden Schlüssen und
Resultaten.

Diese Einschränkung, diese Vorsicht muß auch den beiden
berühmten Grundversuchen von   F i z e a u   und   M i c h e l s o n
gegenüber geübt werden. Denn auf der einen Seite haben wir
immer wieder die, unbekannt wie und wie schnell, im Vakuum sich
bewegende Erde — auf der anderen Seite Lichtausbreitungen, die,
unabhängig von ihrer Quelle auf der Erde, mit einer ganz bestimmten Geschwindigkeit im Vakuum stattfinden. —

„Der   M i c h e l s o n - V e r s u c h   wird mit Recht der Funda-
mentalversuch der Relativitätstheorie genannt", heißt es bei Ilse
Schneider („Das Raum-Zeit-Problem bei Kant und Einstein",
Springer, Berlin, S. 30) — nicht sehr empfehlend für die Relativitätstheorie.

Denn dieser Versuch basiert auf   d u r c h a u s   a b s o l u -
t i s t i s c h e n   und zwar unhaltbar absolutistischen Voraus-
setzungen. Die „Richtung der Erdbewegung", die „Vorwärts"-
bewegung der Erde mit einer „Geschwindigkeit von 30 km in der
Sekunde", „ein Lichtstrahl, der die Richtung (!) der Erdbewegung
hat", „ein gegen den Äther bewegter Beobachter", „ein im Äther
ruhender" Beobachter, „in Richtung der Erdbewegung" usw. —
das sind die in der Einstein-Literatur üblichen Ausdrücke
(J. Schneider, a. a. O., S. 29, Bloch, a. a. O., S. 39, 57) bezüglich

des Michelson-Versuches. Die Relativitätstheoretiker übersehen m i t Michelson, daß mit all dem eine a b s o l u t ruhende Sonne und eine a b s o-l u t e Vorwärtsbewegung der Erde mit 30 km Geschwindigkeit vorausgesetzt wird!! Während schon das astronomische Abc darüber belehrt, daß die Erde bei ihrer Vorwärtsbewegung sich um sich selbst dreht (wodurch die „Vorwärts"-bewegung des gewählten Experimentierortes bereits stark tangiert erscheint) und daß vor allem die Sonne nur relativ ruht, in Wahrheit aber sich mit ihrem ganzen System dem Sternbild des Herkules zu bewegt, so daß von einer solchen eindeutigen „Vorwärts"bewegung der Erde mit einer eindeutigen Geschwindigkeit im Raume (Äther oder Nichtäther tut hier wie in allen unseren Betrachtungen nicht das geringste zur Sache) überhaupt keine Rede sein kann.[1]) Und da auch die Bewegung der S o n n e s e l b s t wieder an einer oder vielen ü b e r g e o r d n e t e n Bewegungen teilnimmt, dürften die „30 km vorwärts" so ziemlich ihren Sinn und das darauf gegründete Experiment mit allen daran geknüpften Überlegungen seine durchschlagende Bedeutung verlieren.

Entsprechendes ist vom F i z e a u - V e r s u c h zu sagen. Wie beim Michelson-Versuch die Sonne, so fungiert hier die Erde als a b s o l u t ruhender Pol und Mittelpunkt des Vakuums. Die „Pfeilrichtung" eines durch eine Versuchsröhre strömenden Mediums gilt naiv-absolutistisch auch als Richtung oder Gegenrichtung eines „nachgesandten" Lichtstrahls, obwohl doch das Licht unabhängig von seiner Quelle (und deren Bewegung) das Vakuum frei durcheilen soll; obwohl die Drehung der Erde um sich selbst, ihre Bewegung um die Sonne, die Bewegung der Sonne selbst usw. im Zusammenhalt mit strömendem Medium und frei sich ausbreitendem Licht ein äußerst kompliziertes Netz ineinandergreifender Translationen schafft. —

Das letzte Wort über Anlage und Deutung beider Versuche ist keinesfalls schon gesprochen. (Vielleicht auch gibt es trotz allem unter gewissen Umständen doch M o d i f i k a t i o n e n der — astronomisch gemessenen — Lichtgeschwindigkeit.)

Wie dem auch sei: es kann sich hierbei immer nur um Dinge handeln, die innerhalb des Gebietes der P h y s i k d e s L i c h t e s liegen[2]). Vorläufige Unstimmigkeiten müssen und werden h i e r ihre Lösung finden. Es besteht aber kein Grund — weder ein physikalischer noch ein logischer — die Lösung in einer Umgestaltung unserer gesamten Z e i t - u n d R a u m - a n s c h a u u n g zu suchen, in einer Relativierung, die uns in

---

[1]) Damit erledigt sich auch die Lorentzsche Ätherkontraktion (Einstein, a. a. O. S. 36, Bloch, a. a. O. S. 44 f.).

[2]) Vgl. Abschnitt XIV dieser Abhdlg.

logische Absurditäten stürzt. Und es bleibt ein groteskes Unterfangen, diese R e l a t i v i e r u n g gar auf p o t e n z i e r t a b s o l u t i s t i s c h e n Vorstellungen aufzubauen. —

Falsche Absolutismen finden sich auch in allen Betrachtungen, wie sie die Einstein-Literatur i m A n s c h l u ß an das Michelson-Experiment aufweist. Ein Beispiel für viele: Lämmel (a. a. O., S. 69 ff.) läßt zwei relativ zueinander bewegte Beobachter einen Lichtstrahl verfolgen und behandelt hierbei die Beobachter — die doch der i r g e n d w i e b e w e g t e n Erde angehören — genau so als ob sie sich gleich und mit dem Lichtstrahl absolut frei im Vakuum bewegten. —

Verwunderlich ist schließlich die absolutistische Denkweise, zu der sich Einstein mit der „Möglichkeit einer endlichen und doch nicht begrenzten Welt" bekennt (a. a. O., S. 72 ff.). Das von uns vertretene Postulat absoluter Bewegung, die allen relativen Bewegungen zugrunde liegen muß, findet, das ist nicht zu leugnen, eine gewisse begriffliche Schwierigkeit in der Annahme und Vorstellung des u n e n d l i c h e n Raumes. In das e n d l i c h e Weltgefäß Einsteins aber fügt sich Begriff und Vorstellung absoluter Bewegung nicht nur ganz von selbst, sondern geradezu zwingend ein.

XIII.

Mit der Aufstellung eines solchen endlichen Weltbildes begibt sich Einstein, ebenso wie mit anderen Folgerungen und Schlüssen aus der Relativitätstheorie, auf das Gebiet der m a t h e m a t i s c h e n S p e k u l a t i o n. Und auch hierüber — da diese Dinge mit unserem Thema, der Relativierung von Zeit, Raum, Bewegung zusammenhängen — mag ein Wort des Zweifels, der Bedenken erlaubt sein.

Rein prinzipiell darf nicht vergessen werden, daß Mathematik imstande ist, Gedankengebäude zu entwickeln, die in sich widerspruchslos sind, die aber, vom Boden der Wirklichkeit losgelöst, sich über diese erheben und den Anspruch auf Wirklichkeitsgehalt verlieren. M a t h e m a t i s c h r i c h t i g sein heißt keineswegs w i r k l i c h sein! (Obwohl alles Wirkliche umgekehrt mathematisch richtig sein muß.) Das schlagendste Beispiel ist das Rechnen mit mehr als drei Dimensionen. In unserer wirklichen Welt, wie sie unseren Sinnen, unserer Anschauung, unserer Vorstellung, unserem Verstande nun einmal gegeben ist, gibt es nur einen dreidimensionalen Raum und daneben die eindimensionale Zeit. Wenn keine Anstrengung der Phantasie, geschweige denn die physikalische Betrachtung der Welt oder gar der praktische gesunde Sinn und Verstand darüber hinweg und hinauskommt, so beweist dies schlagend, daß hier letzte und elementare Fundamente und Grenzen des Seins und dementsprechend des das Sein spiegelnden Bewußtseins gegeben sind.[1]) Überschritten können diese Grenzen nur werden von der Metaphysik (als der Dichtung sich nähernder Weltinterpretation), von der Religion, von der Mystik und von deren Zerrbild, dem — Spiritismus.

Gewiß hat die vierte Dimension der Mathematiker, der von Einstein und der Relativitätstheorie aufgegriffene „vierdimensionale Raum" Minkowskis (Einstein, a. a. O., S. 37 f., S. 61 f. und S. 82 f.), die gleichfalls von Einstein (nach Riemann) vertretene Annahme eines „gekrümmten Raumes" beileibe nichts mit Spiritismus zu tun. (Und Einstein selbst steht allem Spiritismus und Okkultismus denkbarst ablehnend gegenüber.)[2]) Aber es gibt doch zu denken, daß der Spiritismus auf den Ausweg der „vierten Dimension" verfallen ist, um seiner Überspringung der anschaulichen Wirklichkeit, seiner Flucht vor und aus der gesunden Vernunft ein wissenschaftlich klingendes Mäntelchen umzuhängen. Und es dürfte uns nicht wundern, wenn er, trotz aller Ablehnung durch Einstein, mit der Relativitätstheorie zu liebäugeln begänne.

Wie ja überhaupt unklare Köpfe, die die Grenzen zwischen den Gebieten geistigen Lebens gerne verwischen, geneigt sein mögen, mit falschen mystischen Sehnsüchten sich der Einsteinschen Lehre zu bemächtigen und den womöglich nüchtern zu schelten, der dieser Lehre mit dem Rüstzeug konkreter Wissenschaftlichkeit und vernunftgemäßer Überlegung gegenübertritt, an welche allein sie appelliert!

Es muß betont werden, daß die — nüchtern betrachtete — mathematische Gleichung, mag sie noch so sehr in sich selbst widerspruchsfrei sein (wie das ja in ihrem Wesen begründet ist), die gegenständliche und anschauliche Wirklichkeit weder erschöpfend wiederzugeben noch gar zu korrigieren oder mit einem abweichenden Inhalt zu erfüllen vermag.

Diese Erwägung darf bei einer Gesamtbetrachtung der Relativitätstheorie an keiner einzigen Stelle übersehen werden.

Die Einführung des „vierdimensionalen zeiträumlichen Kontinuums" (Einstein, S. 37 ff.), d. h. der Anfügung der Zeitkoordinate als vierte Koordinate an die drei Koordinaten des Raumes, ermöglicht wohl glatte innermathematische Entwicklungen, aber wenn dadurch „die Zeit ihrer Selbständigkeit" beraubt werden soll (S. 38), so wehrt sich dagegen mit dem natürlichsten

---

[1]) Vgl. des Verf. demnächst im Verlag R. Oldenbourg erscheinende Schrift: „Philosophie, Welt und Wirklichkeit".

[2]) S. Moszkowsky, „Einstein", S. 135 ff.

Recht unsere Anschauung, unsere Erfahrung, unsere Vorstellung, unser Verstand und unsere Vernunft. Das gleiche gilt von dem „gekrümmten Raum": er bleibt eine mathematische Fiktion ohne jeden Wirklichkeitsgehalt. Beide Annahmen stehen mit der uns allein gegebenen Welt des dreidimensionalen Raumes und der eindimensionalen Zeit in unversöhnlichem Gegensatz und Widerspruch. —

Mathematische Gleichheit und Vertauschbarkeit schließt nicht in sich Gleichheit und Vertauschbarkeit der konkreten Gegenglieder. Die mathematische Gleichung ist ein rein Gedankliches[1]), ein durchaus abstrakter Extrakt der Wirklichkeit: ein Schema, kein Sein.

Ganz abgesehen von allen übrigen Bedenken und Einwänden: von vornherein ist unter diesem einschränkenden Gesichtspunkt nicht nur an die spezielle und allgemeine Relativitätstheorie Einsteins, sondern schon an das sog. klassische Relativitätsprinzip heranzutreten.

Die mathematische Vertauschbarkeit von Bewegungen bzw. von Ruhe und Bewegung gegeneinander eliminiert nicht den Bodensatz w i r k l i c h e r Gegensätzlichkeit. Die Tat des Kopernikus wird durch keinen mathematischen Relativismus aufgehoben; — sie würde es, wenn die mathematische G l e i c h u n g G l e i c h h e i t bedeutete! Denn dann wäre in der Tat ruhende Sonne = bewegte Erde — bewegte Sonne = ruhende Erde.

Noch deutlicher scheidet sich mathematische Richtigkeit von gegenständlicher Wirklichkeit für den unbefangenen, vorurteilslosen Betrachter der a l l g e m e i n e n R e l a t i v i t ä t s t h e o r i e. Keine noch so reinliche und schöne mathematische Gleichungsmöglichkeit kann den „im gebremsten Eisenbahnwagen befindlichen Beobachter" — sofern er eben unbefangen, vorurteilslos und bei gesunden Sinnen ist — veranlassen, den „Ruck nach vorn" mit Einstein „auch so zu interpretieren: ‚Mein Bezugskörper (der Wagen) bleibt dauernd in Ruhe. Es herrscht aber (während der Bremsungsperiode) in bezug auf denselben ein nach vorn gerichtetes, zeitlich veränderliches Schwerefeld. Unter dem Einfluß des letzteren bewegt sich der Bahndamm samt der Erde ungleichförmig derart, daß dessen ursprüngliche, nach rückwärts gerichtete Geschwindigkeit immer mehr abnimmt. Dies Schwerefeld ist es auch, welches den Ruck des Beobachters bewirkt.'" (S. 48.)

Und wenn Einstein meint: „Aber niemand zwingt ihn, den Ruck auf eine ‚wirkliche‘ Beschleunigung des Wagens zurückzuführen", so dürfte der (wie gesagt unbefangene) Beobachter sehr im Gegenteil fest entschlossen sein, sich mit Berufung auf seinen

---

[1]) Hier schweigt die sonst so bereite Skepsis Petzoldts gegenüber allem Unanschaulich-Gedanklichen! (Vgl. S. 21 dieser Abhdlg.)

gesunden Verstand im höchsten Grade gezwungen zu sehen, auf eine Beschleunigung des Wagens und nicht auf eine Bewegung der Erde zu schließen — trotz aller mathematischen Äquivalenz. —[1])

„Da wir ja immer mehr erkennen, daß wir das innere Wesen der in der Natur wirksamen Beziehungen nicht endgültig erforschen können, so kommen wir eben dazu, uns auf die Erforschung der rechnerischen Zusammenhänge zu beschränken. Das Äquivalenzprinzip bietet die Möglichkeit, Schwere und Trägheit formell miteinander zu vertauschen." Dieser B e s c h r ä n k u n g auf das „R e c h n e r i s c h e", dieser Betonung des „f o r m e l l e n" Charakters des Äquivalenzprinzips durch einen — Anhänger (!) Einsteins (Lämmel, a. a. O., S. 139) stimmen wir gern zu.

XIV.

Es liegt in der N a t u r einer abstrakt-physikalischen Theorie, wie sie die Relativitätstheorie ist bzw. sein soll, daß sie schließlich und endlich, abgesehen von der im besprochenen Sinne bedingtgültigen mathematischen Formulierung, auf rein gedanklichen Erwägungen beruht und rein gedanklich begründet oder verworfen werden muß. Ein entscheidendes E x p e r i m e n t k a n n es gar nicht geben. Es kann höchstens i l l u s t r i e r e n d e , v e r d e u t l i c h e n d e B e i s p i e l e geben, alles andere ist — auch aus technischen Gründen — von vornherein und für immer ausgeschlossen. Ausgeschlossen schon, weil alle unsere möglichen Geschwindigkeiten bei weitem zu gering sind, weil wir an die Erde gebunden sind, weil wir uns niemals schwerelos in den Weltraum begeben können. Aber auch die illustrierenden Beispiele bleiben notgedrungen entweder in äußerst zahmen Grenzen stecken (Eisenbahn, Luftschiff usw.) oder sie stellen r e i n e F i k t i o n e n dar („der Mann im Kasten", frei im leeren Weltenraum über einem Gravitationsfeld aufgehängt oder beschleunigt nach „oben" gezogen [Einstein, S. 45 ff.]), Fiktionen, die nur zeigen, was der Fall sein muß, w e n n die Relativitätstheorie gilt; die aber nicht zeigen und beweisen (was p r a k t i s c h und m e t h o d o l o g i s c h eben gar nicht möglich ist), d a ß sie gilt. —

Ein m e t h o d o l o g i s c h e r I r r t u m ist es daher, durch B e o b a c h t u n g die Relativitätstheorie „beweisen" zu wollen (und dafür Türme zu bauen).

---

[1]) Über die Schwierigkeiten und Ungereimtheiten, die sich über der sog. allgemeinen R e l a t i v i t ä t s t h e o r i e, d. h. der Relativierung der u n g l e i c h f ö r m i g e n Bewegung, der Gleichsetzung von Gravitations- und Trägheitswirkung, auftun, hat sich Lenard („Über Relativitätsprinzip, Äther, Gravitation", Hirzel, Leipzig, S, 15 f.) ungemein einleuchtend ausgesprochen.

Wenn die Lichtstrahlen durch die Sonne abgelenkt werden (Einstein, S. 51), so ist das zunächst eine Beobachtung, Aussage über die Natur des Lichtes und der Lichtausbreitung, die hoch bedeutungsvoll sein mag und zu neuen Erkenntnissen über — das Licht führen kann. Es berechtigt zweitens — vielleicht — zu dem Schluß, daß Lichtstrahlen überhaupt der Gravitation unterliegen: obwohl dieser Schluß bei den Faktoren und Möglichkeiten, die der besondere Körper Sonne und der eine besondere Fall in sich schließt, kein absolut zwingender ist, solange nicht eine Reihe ähnlicher Beobachtungen unter anderen Umständen mit gleichem Resultat vorliegt.

Aber es kann — weder als Einzelaussage über die Lichtausbreitung noch als ev. sogar exakter Nachweis der Lichtstrahlenkrümmung durch Gravitation — die „Richtigkeit" der Relativitätstheorie, d. h. einer Allgemeintheorie über Raum, Zeit und Bewegung mit weitgestecktesten Zielen, „beweisen".

Analoges gilt für die zwei anderen Erfahrungsstützen der Relativitätstheorie: die Perihelbewegung des Merkur, die Spektralverschiebung des von großen Sternen zu uns gesandten Lichtes. (Einstein, S. 70.)

XV.

So mündet mit ihrer Berufung auf Tatsachen aus der Erfahrung die allgemeine Relativitätstheorie in das gleiche Gebiet, von dem die ganze Relativitätstheorie ihren Ausgangspunkt genommen: es ist das Gebiet der Optik, die Theorie des Lichts! Unsere Behauptung, daß die Relativitätstheorie in allen ihren Äußerungen durchaus auf optischer Einstellung zur Umwelt beruht, erfährt dadurch eine neue, fast unerwartete Bekräftigung. Unerwartet, da die allgemeine Relativitätstheorie mit ihrer Gleichstellung von Schwerkraft und gleichförmig beschleunigter Bewegung zunächst gar nicht an Optisches zu rühren scheint; jedenfalls nicht an Beschränkung auf Optisches hindeutet.

Mit dieser Einmündung in das Gebiet der optischen Erfahrung kehrt die Relativitätstheorie unfreiwillig-freiwillig in die Schranken zurück, die wir ihr als einer zu Unrecht ins Allgemeine ausgeweiteten Theorie über Licht und Lichtausbreitung gezogen haben.

XVI.

Wenn die Einsteinsche Lehre aus den Kreisen der Physiker bisher keinen stärkeren Widerspruch gefunden hat, so liegt das gewiß mit an dem Vordergrundsinteresse, in dem gerade Optik und **Elektrodynamik** in den letzten Jahrzehnten stehen. Eine Theorie mußte sich von selbst empfehlen, die sich in die Fragen und Ergebnisse dieses aktuellsten Zweiges der physikalischen Forschung — nur zu sehr — einfügte.

Der **Mathematiker** wiederum, dem Anschaulichen und Konkreten von vornherein weniger zugetan, mochte, unbeeinflußt und ungehemmt durch Bedenken einer **gegenständlichen** Naturbetrachtung, die Glätte und Schönheit der mathematischen Gleichungen und Entwicklungen begrüßen.

Der **Philosoph** endlich hielt sich entweder nicht für kompetent und schwieg. Oder er vermutete, schon durch den Wortklang der „Relativität" angezogen, einen Bundesgenossen und eine Stütze für die herrschende subjektivistisch-phänomenalistische Erkenntnistheorie gefunden zu haben. Am Beispiel Petzoldt (s. Abschnitt IX) wurde gezeigt, daß dies ein prinzipieller methodologischer Fehlschluß ist! Daß weder Einstein an Erkenntnistheoretisches dachte noch daß Erkenntnistheorie überhaupt mit Physik vermischt oder durch sie gestützt werden kann. Daß der physikalische und der philosophisch-erkenntnistheoretische Standpunkt durchaus verschieden sind.

Aber von einem **weiteren** Betracht aus ist die Relativitätstheorie wohl als physikalischer Niederschlag der **extremphänomenalistischen Denkweise** anzusehen, die in der Philosophie zu den verschiedenen subjektivistischen und skeptizistischen Überspitzungen des erkenntnistheoretischen Problems geführt hat. Eine Denkweise, die viele Physiker in ihren Bannkreis gezogen; wie z. B. Mach, der ja als — indirekter — Vorbereiter der Relativitätstheorie angesprochen wird. (Obwohl aus seinem Nachlaß hervorgehen soll, daß er selbst sich keineswegs zu ihr bekannte!) Es ist daher **psychologisch** nur zu begreiflich, daß (ähnlich wie früher — nicht minder anfechtbar — Helmholtz und der Kantianismus)[1] der Phänomenalismus und Einstein sich zum Bündnis zusammenfinden möchten. Und in einer, freilich negativen, Seite zeigt sich in der Tat eine innere Verwandtschaft zwischen subjektivistischer Erkenntnistheorie und Relativitätstheorie: es ist die immer wieder zutage tretende Unmöglichkeit, dort über die wirkliche Außenwelt, über das allem Bewußtsein gegenüberstehende reale Ding, hier über ein Absolutes in Raum, Zeit und Bewegung hinwegzukommen. Nur ganz abstrakt gelingt in beiden Fällen die Emanzipation von der **natürlichen Weltbetrachtung**, in allem Einzelnen und Konkreten, in allem Beispielhaften und Illustrierenden bricht sie sich unwiderstehlich Bahn und führt den vergeblich Widerstrebenden zu innerem

---

[1] Vgl. d. Verf. „Lehre v. d. spez. Sinnesenergien", Voß, Leipzig.

Widerspruch und zum unvermeidbaren eigenen Rückfall in die
bekämpfte Position, die damit als Siegerin aus dem Widerstreit
der Meinungen hervorgeht.

Wenn solche Denkweisen dennoch mit einem gewissen Nach-
druck und mit beträchtlicher Werbekraft auf den Plan zu treten
vermögen, so müssen sie, wie alles Gewordene und Wirkliche, wohl
eine notwendige Stufe, einen notwendigen Irrweg in der Geschichte
des menschlichen Geistes darstellen: eine Station, die absolviert
und — überwunden werden muß.

Nachwort.

Nach Abschluß der vorliegenden Arbeit finde ich in den „Annalen der Philosophie", 1921, 2. Band, 3. Heft, Beiträge zur Relativitätstheorie von Kraus, Lipsius und Linke, die nach Ausgangspunkt, prinzipieller Stellungnahme und in vielen Argumenten mit meinen Darlegungen übereinstimmen und mir die Gewißheit geben, eine wohlverfechtbare Sache zu vertreten. Was Kraus speziell gegen die erkenntnistheoretische Ausdeutung der Relativitätstheorie durch Petzoldt, was Petzoldt selbst (im gleichen Heft) nochmals für seine eigene Auffassung vorbringt, bestätigt und erhärtet das auch von mir Gesagte.

Wenn aber Kraus, Linke und Lipsius auf Grund ihrer Ablehnung der Relativierung der Gleichzeitigkeit, auf Grund ihrer Ansichten über die Begriffe des Unendlichen und Absoluten — alles im Sinne meiner Behauptungen — Einstein zwar aus dem Gebiet der Philosophie und Erkenntnistheorie hinaus in die Physik verweisen, seiner Relativitätstheorie aber Existenzberechtigung als einer Theorie berechtigter physikalischer „Fiktionen" belassen, so glaube ich über diese, nur bedingte, Ablehnung mit Recht hinauszugehen, wenn ich ganz allgemein und auch vor dem Forum der Naturwissenschaft und Naturbetrachtung, vor dem Forum des menschlichen Verstandes überhaupt, die Relativierung von Zeit und Raum durch Einstein als unbegründet und unhaltbar nachweise durch Aufdeckung und Aufhellung der für Einstein bezeichnenden einseitigen r e i n o p t i s c h e n E i n s t e l l u n g z u r G e s a m t n a t u r. —

Was dann von b e r e c h t i g t e m Relativismus und von der Relativitätstheorie noch bleibt, ist die — noch niemals angezweifelte! — Relativität aller unserer M a ß s t ä b e und M e s s u n g e n, der R i c h t i g k e i t s - (n i c h t W i r k l i c h - k e i t s -) Kern gewisser mathematischer Äquivalenzen (die Leistung der sog. Allgemeinen Relativitätstheorie) und endlich Aussagen, Einsichten und — Zweifel bezüglich der Theorie des L i c h t s. —

Winter 1921.

Dr. Rudolf Weinmann.